CHINA ARCHITECTURAL DESIGN AND PERFORMANCE YEARBOOK 2011

中国建筑设计与表现年鉴 2011

②公共建筑
PUBLIC ARCHITECTURE

张先慧 主编

天津大学出版社
TIANJIN UNIVERSITY PRESS

图书在版编目（CIP）数据

中国建筑设计与表现年鉴（2011）牛皮书.2 /张先
慧编. —天津：天津大学出版社，2011.7
ISBN 978-7-5618-3993-5

Ⅰ.①中… Ⅱ.①张… Ⅲ.①建筑设计—中国—
2011—年鉴 Ⅳ.①TU2-54

中国版本图书馆CIP数据核字（2011）第125550号

组稿编辑 油俊伟
责任编辑 李金花 油俊伟
美术指导 李小芬
美术编辑 苏雪莹 梁 晓 王丽萍

出版发行 天津大学出版社
出 版 人 杨欢
地 址 天津市卫津路92号天津大学内（邮编：300072）
电 话 发行部：022-27403647 邮购部：022-27402742
网 址 www.tjup.com
印 刷 广州市中福彩印有限公司
经 销 全国各地新华书店
开 本 215mm×305mm
印 张 113
字 数 1260千
版 次 2011年7月第1版
印 次 2011年7月第1次
定 价 1460.00元（全二册）

目录 CONTENTS

1

规划与文化
PLANNING AND CULTURE

导言 / INTRODUCTION 004
序 / PREFACE 006
城市规划 / CITY PLANNING 009
景观规划 / LANDSCAPE PLANNING 112
旅游度假 / TOURISM AND HOLIDAY 127
公园及广场 / PARK & SQUARE 152
交通 / TRAFFIC 173
古建筑 / OLD BUILDINGS 193
宗教 / RELIGION 200
文化娱乐中心 / CULTURE AND ENTERTAINMENT CENTER 210
学校及图书馆 / SCHOOL & LIBRARY 242

2

公共建筑
PUBLIC ARCHITECTURE

导言 / INTRODUCTION 004
序 / PREFACE 006
会议及展览中心 / CONFERENCE & EXHIBITION CENTER 009
博物馆及影剧院 / MUSEUM & THEATER 051
体育及医疗中心 / SPORT & MEDICAL CENTER 095
酒店及会所 / HOTEL & CLUB 131

3

商业
COMMERCE

导言 / INTRODUCTION 004
序 / PREFACE 006
综合体 / COMPLEX 009
商业区 / COMMERCIAL DISTRICT 179
商业街 / COMMERCIAL STREET 212
商城 / SHOPPING CENTER 232
商场 / MARKET 283
售楼中心 / SALES CENTER 289

4

办公
OFFICE

导言 / INTRODUCTION 004
序 / PREFACE 006
商业办公 / COMMERCIAL OFFICE 009
单位办公 / UNIT OFFICE 142
科研办公 / RESEARCH OFFICE 186
行政办公 / ADMINISTRATIVE OFFICE 202
物流基地 / LOGISTICS BASE 221
工厂及产业园 / FACTORY & INDUSTRIAL PARK 233

5

居住 ❶
RESIDENCE ❶

导言 / INTRODUCTION 004
序 / PREFACE 006
居住规划 / RESIDENTIAL PLANNING 009

6

居住 ❷
RESIDENCE ❷

导言 / INTRODUCTION 004
序 / PREFACE 006
居住规划 / RESIDENTIAL PLANNING 009
居住景观 / RESIDENTIAL LANDSCAPE 116
高层 / HIGH-RISE 131
小高层 / SMALL HIGH-RISE 199
多层 / MULTIPLE-STORY 210
排别墅 / ROW VILLA 235
别墅 / SINGLE VILLA 295

导言
INTRODU-
CTION

记录精英 传播经典

　　继成功推出牛皮书1之《中国建筑设计与表现年鉴2011》，获得业界的强烈反响和高度评价后，我们再接再厉，现推出牛皮书2之《中国建筑设计与表现年鉴2011》，本书是一套专业的建筑设计作品与建筑表现图全集，它全面反映了建筑设计及表现行业的最新成果，旨在打造中国最具影响力及最具权威性的建筑设计与表现行业年鉴。同时，也为整个行业的规范和健康发展略尽微薄之力。

　　本年鉴的征稿消息发出后，建筑行业里各路英雄豪杰积极呼应，踊跃投稿，最终使本年鉴得以顺利面世。我们用专业年鉴的形式把最新、最优秀的建筑设计与表现作品记录下来，推广开去。同时，也使本年鉴成为建筑表现企业自我展示、宣传交流的平台。

　　"记录精英，传播经典"，这是"麦迪逊丛书"的宗旨。

　　希望业界朋友继续关注与支持我们。

张先慧

中国麦迪逊文化传播机构董事长
中国（广州、上海、北京）"广告人"
广告书店董事长
"麦迪逊丛书"主编

序 /(排名不分先后)

PREFACE

坚持，为创作也是为理想

白云 / 深圳市森凯盟数字科技有限公司 深圳市瀚方数码图像设计有限公司

进入建筑表现行业有7年多的时间了，曾经疲惫过也迷茫过，但是我还是坚持下来了，也许这正是自己选择的一种生活方式吧。

很高兴受邀为广州"麦迪逊丛书"编委会新一期的《中国建筑设计与表现年鉴》写序。说实话，在写这个序之前我从来没有仔细回想过太多，包括总结什么辛酸、自己走过的路程、工作过的一切等。我不太喜欢纠结在这些事情上面，我知道任何行业的存在都有一定的特殊性和历史性。建筑表现这个行业就是我们常说的效果图行业，从它的诞生到现在的发展，经过了无数次的革新，说明它的存在是市场的必然性。它将原来传统手绘单一的表达形式演变成了现在丰富、多元化的表达形式。这也使得这个行业在房地产市场的发展中应用得更加灵活、广泛。

近些年来，有越来越多的朋友们加入这个行业，为这个行业注入了新的发展理念，使整个行业的技术水准不再低于国外的表达水平；他们为这个行业做出了很大的贡献，让效果图的表达不再千篇一律，缺乏欣赏。同时，从业人员的不断增加也让整个市场的竞争变得更加激烈，从而让效果图表现的企业面临着更多的考验，它需要我们不断完善自我，坚定信心与理想，继续往下走。

我们要站在行业发展的方向上来思考问题，而不要一味地追求利益化地生存着，不要让整个行业的发展变得迷茫。正是因为我们这个行业本身的门槛太低，再加上现在这个行业不再像以前那么轻松了，设计师也更加依赖效果图这个平台，所以就导致大家做得非常的辛苦、被动。

这一切都使得效果图行业未来的发展路线更加曲折、坎坷，就像现在的餐馆一样，满大街都有，而且竞争激烈，核心竞争力也是在产品的质量和服务上面。但是它们依然在变革和竞争中发展成熟。这就需要坚持，需要我们为那漫长的发展历程而付出坚持。

最后向从事效果图行业的所有同行们致敬，投身于这个行业就是在不断地付出与服务，为效果图行业的发展贡献了我们很多的心血。但是，不管未来怎么样，我们都要坚持，为创作也是为理想而坚持，因为我们已经从事了这个行业。再次感谢广州"麦迪逊丛书"编委会给我这个思考的机会，希望贵公司越办越好。

思想·硬道理

孙长明 / 哈尔滨市拓普装饰设计有限公司

披星戴月七余载

几家欢喜几家愁

八零创业九零守

是非成败转头空

逆水行舟不进则退

若要前行思想才是硬道理

时代 · 表现 · 发展

朱茂华 / 四川省绵阳瀚影建筑图像设计有限公司

当代社会进入了越来越丰富的视觉时代，建筑表现艺术也获得了前所未有的、广阔的发展空间。优秀的作品是当代知识与文化的结晶，也是特定时代的精神体现，杰出的创意会将这个时代的审美价值、艺术趣味与生活水准直接反映到作品之中。

当代的建筑表现产业在中国的现代化城市进程中扮演着越来越重要的角色，也逐渐成为中国最富有活力的行业之一，对城市的发展起着巨大的推动作用，并引导和改变着社会生活的诸多方面。

"麦迪逊丛书"编委会此次出版的《中国建筑设计与表现年鉴2011》更是一次建筑表现公司作品的展览盛会。此次参展的作品数量多、水平高，集中展示了我国当代建筑表现作品创作繁荣发展的面貌和建筑表现人对艺术的追求与探索，并引领着未来表现事业发展的方向。

最后祝愿每一位辛勤工作在建筑表现行业的朋友们工作顺心、万事如意！并感谢"麦迪逊丛书"长期以来提供给我们展示与交流的机会。

空间 · 表皮 · 平面

刘玮 / 郑州指南针视觉艺术设计有限公司

入建筑表现这个行业也有些年头了，在这些年里经历过激情、痴迷、茫然、平和，也许这是每个工作过的人都经历过的心路历程，激情是不会始终伴随着我们的，需要用平和的心态来对待工作，时刻都要坚持对艺术的追求和对工作的执著，不能让心智在长时间的工作中给磨灭，我觉得凡是在行业中能坚持到最后的都是佼佼者。

我们在工作的过程中会碰到形形色色的客户，刚做起来觉得很难，慢慢地有了一点心得，首先我们做表现不能为了表现而表现，换一种说法就是我们只有深入地了解建筑师内心的想法才能更明确地表达出来，不是我们在表现什么而是建筑师在想什么。

个人觉得表现的好坏有三点：空间、表皮、平面。空间指的是建筑的空间关系，建筑的空间比例，所以做模型的人员一定要有良好的空间感；表皮指的是材质的表现，光感的变化，材质赋予建筑的生命，所以做渲染的人员一定要有良好的光感；平面指的是平面关系，色彩的平衡，所以做后期的一定要有良好的色彩感觉。这三者缺一不可，因为我们是集体合作，要想做好就得靠大家的共同努力，只有坚韧的团队才能无坚不摧，才能做出更有艺术感染力的作品！！！

PUBLIC ARCHITE CTURE

公共建筑

CONFERNCE & EXHIBITION CENTER
/ 会议及展览中心

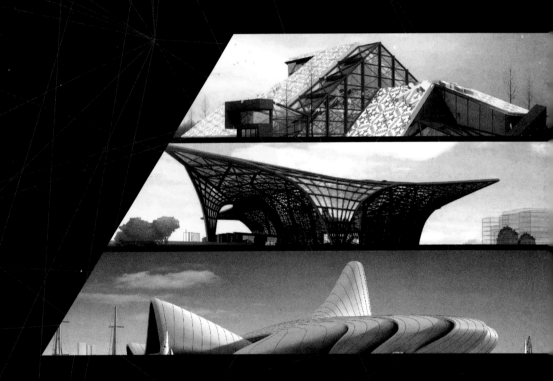

漠河县北极会议厅

绘图单位：哈尔滨市拓普装饰设计（TOP design）有限公司
设计单位：哈尔滨市拓普装饰设计（TOP design）有限公司

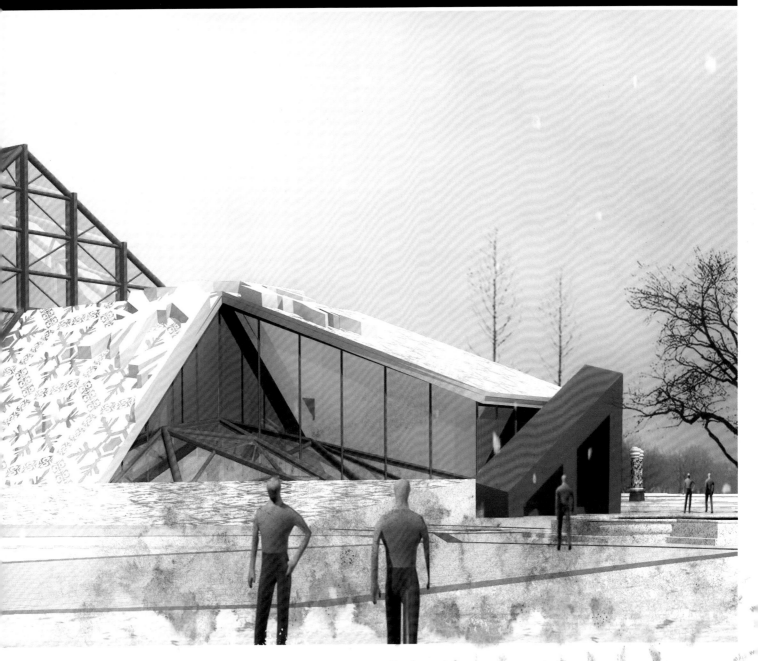

漠河县北极会议厅

绘图单位：哈尔滨市拓普装饰设计（TOP design）有限公司
设计单位：哈尔滨市拓普装饰设计（TOP design）有限公司

① **漠河县北极会议厅**
绘图单位：哈尔滨市拓普装饰设计（TOP design）有限公司
设计单位：哈尔滨市拓普装饰设计（TOP design）有限公司

② **上海世博会某项目**
绘图单位：哈尔滨市拓普装饰设计（TOP design）有限公司
设计单位：哈尔滨市拓普装饰设计（TOP design）有限公司

①

②

① **上海世博会某项目**
绘图单位：哈尔滨市拓普装饰设计（TOP design）有限公司
设计单位：哈尔滨市拓普装饰设计（TOP design）有限公司

② **某会展中心**
绘图单位：苏州蓝图建筑设计咨询有限公司
设计单位：苏州市建筑工程设计院有限公司

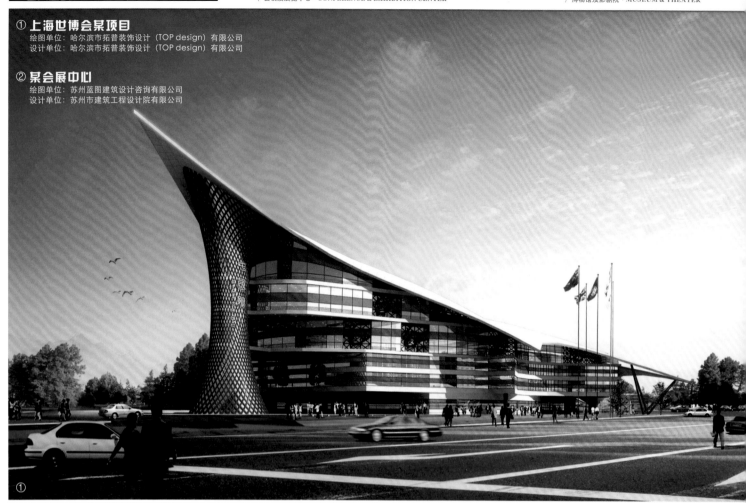

①

②

营口市会展中心
绘图单位：沈阳水晶立方设计有限公司

营口市会展中心

绘图单位：沈阳水晶立方设计有限公司

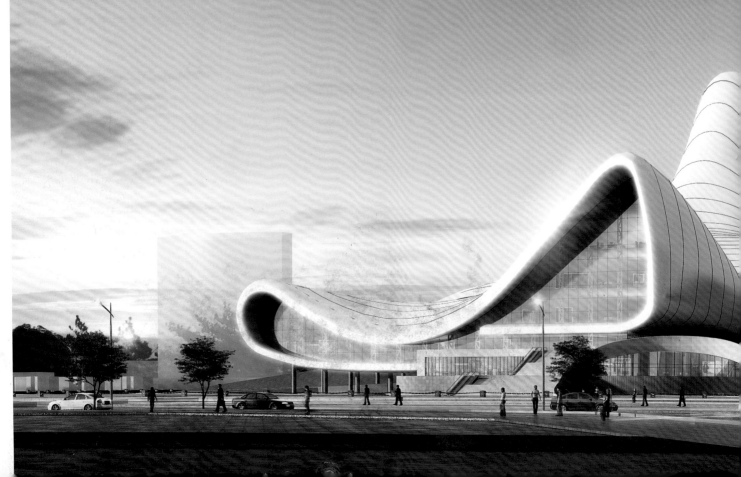

营口市会展中心

绘图单位：沈阳水晶立方设计有限公司

① **营口市会展中心**
绘图单位：沈阳水晶立方设计有限公司

② **上海市某工业研发及展示中心**
绘图单位：苏州蓝图建筑设计咨询有限公司
设计单位：北京祥宇建筑设计咨询有限公司苏州分公司

①

②

① **东台市博览中心**
　绘图单位：深圳市朗形数码影像传播有限公司
　设计单位：深圳大学建筑设计研究院

② **无锡市文化馆**
　绘图单位：上海市杰点建筑绘画有限公司
　设计师：张斌

①

②

① 泰州市会展中心
绘图单位：深圳市朗形数码影像传播有限公司
设计单位：深圳市蓝森设计顾问有限公司

② 上海世博会某项目
绘图单位：哈尔滨市拓普装饰设计（TOP design）有限公司
设计单位：哈尔滨市拓普装饰设计（TOP design）有限公司

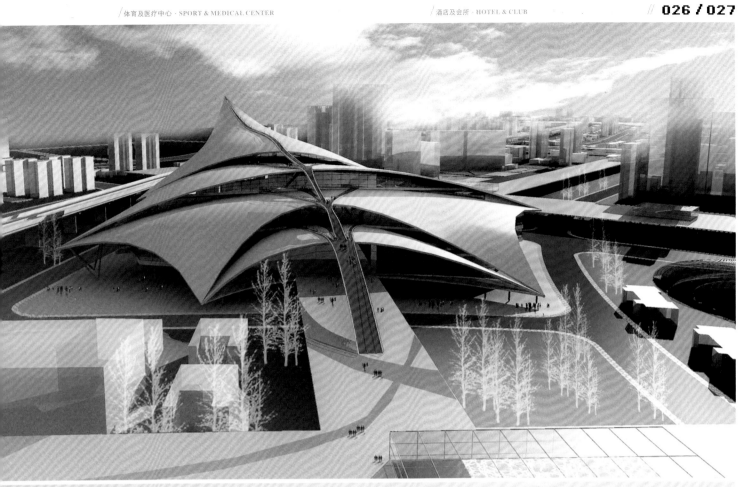

① 泉展览馆
　绘图单位：南京随影图像设计有限公司
　设计单位：南京战旗建筑设计公司

② 邹平规划展览馆
　绘图单位：长沙远境图文设计工作室
　设计师：彭秦峰

①

②

②

邹平规划展览馆
绘图单位：长沙远境图文设计工作室
设计师：彭秦峰

邹平规划展览馆
绘图单位：长沙远境图文设计工作室
设计师：彭秦峰

① **大连市某展览馆**
　绘图单位：大连新途建筑表现设计有限公司
　设计单位：大连建筑设计研究院有限公司

② **岳池县会展中心**
　绘图单位：成都上润图文设计制作有限公司
　设计单位：成都环美诚源景观工程有限公司

①

②

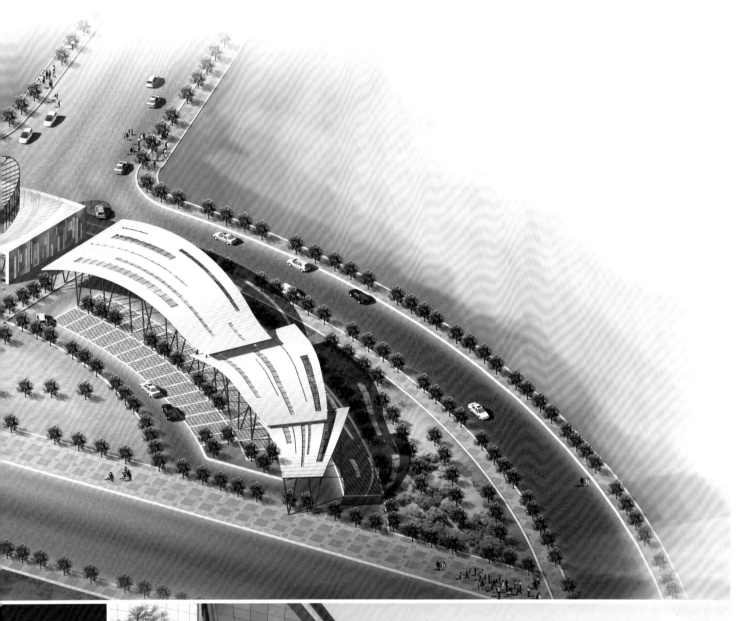

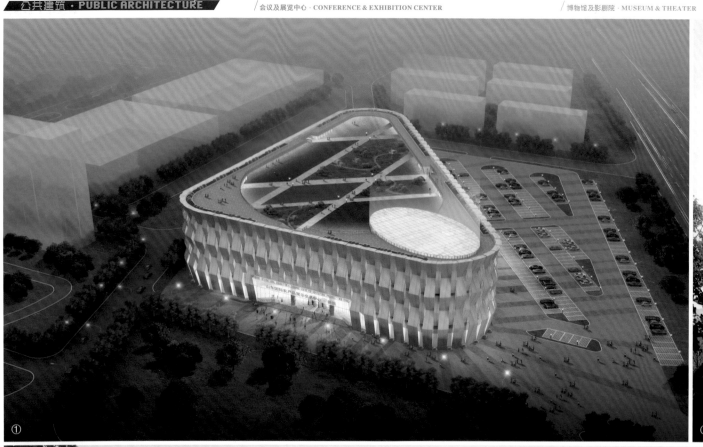

①   ②

①

① 山东国际农产品展示交易中心-新馆
绘图单位：青岛宏景数字科技有限公司
设计师：何文清

② 某艺术馆
绘图单位：合肥思拓建筑表现图文工作室
设计单位：合肥科城建筑设计事务所

上海市某艺术馆

绘图单位：上海零度数码科技有限公司

无锡市零碳馆
绘图单位：杭州博凡数码影像设计有限公司
设计单位：上海米丈建筑设计有限公司

无锡市零碳馆
绘图单位：杭州博凡数码影像设计有限公司
设计单位：上海米丈建筑设计有限公司

① **安吉县竹博园**
绘图单位: 杭州博凡数码影像设计有限公司
设计单位: 中国美术学院风景建筑设计研究院

② **某展览馆**
绘图单位: 宁波海曙城市印象图文设计有限公司

①

②

成都市世界品牌汽车博览中心
绘图单位：成都亿点数码艺术设计有限公司
设计单位：四川省建筑设计研究院

成都市世界品牌汽车博览中心

绘图单位：成都亿点数码艺术设计有限公司

设计单位：四川省建筑设计研究院

成都市世界品牌汽车博览中心

绘图单位：成都亿点数码艺术设计有限公司
设计单位：四川省建筑设计研究院

成都市世界品牌汽车博览中心
绘图单位：成都亿点数码艺术设计有限公司
设计单位：四川省建筑设计研究院

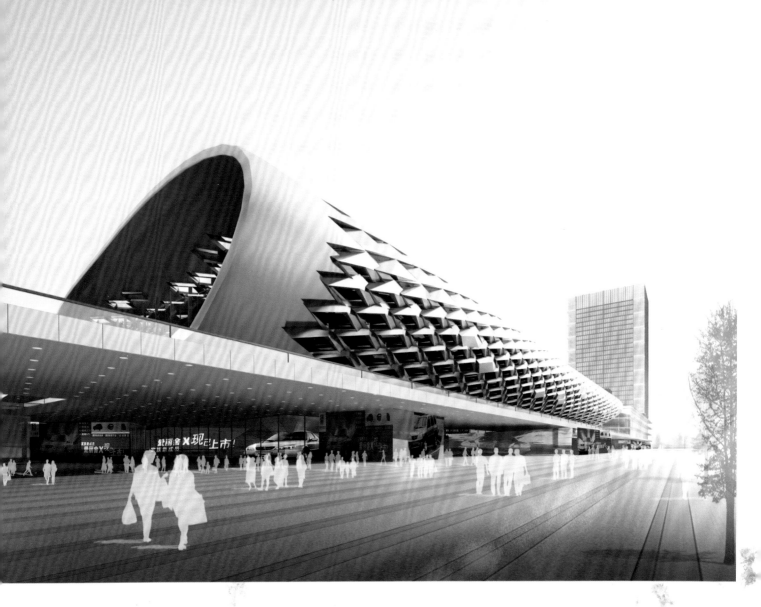

① **某汽车展览交易中心**
绘图单位：北京显筑图文设计有限公司
设计单位：东方筑中建设规划设计有限公司

② **本溪市会展中心**
绘图单位：哈尔滨市拓普装饰设计（TOP design）有限公司
设计单位：哈尔滨市拓普装饰设计（TOP design）有限公司

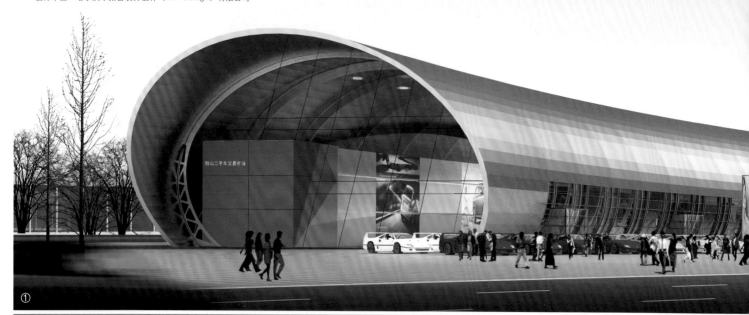

①

②

① 某展览馆
绘图单位：南京随影图像设计有限公司
设计单位：南京随影图像设计有限公司

② 西藏某展览馆
绘图单位：西安市创景建筑景观设计有限公司

PUBLIC ARCHITE CTURE

公共建筑

MUSEUM & THEATER
/ 博物馆及影剧院

五大连池市火山地质博物馆

绘图单位：哈尔滨猛犸科技开发有限公司
设计单位：黑龙江省建筑设计研究院

五大连池市火山地质博物馆
绘图单位：哈尔滨猛犸科技开发有限公司
设计单位：黑龙江省建筑设计研究院

① **武汉市首义博物馆**
绘图单位：武汉年轮数码图像有限公司
设计单位：武汉市建筑设计院

② **武汉市长江博物馆**
绘图单位：武汉市合创图文设计有限公司
设计单位：长江水利委员会勘测规划设计研究院

①

②

① 咸宁市博物馆
  绘图单位：武汉年轮数码图像有限公司
  设计单位：武汉市建筑设计院

② 某博物馆
  绘图单位：深圳市朗形数码影像传播有限公司
  设计单位：爱普斯顿国际投资项目顾问（深圳）有限公司

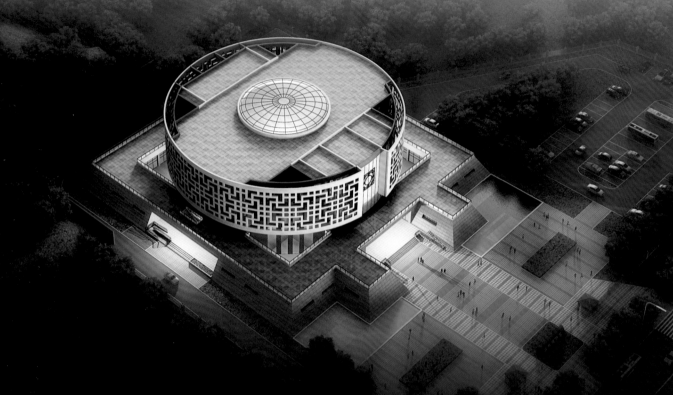

①

②

①

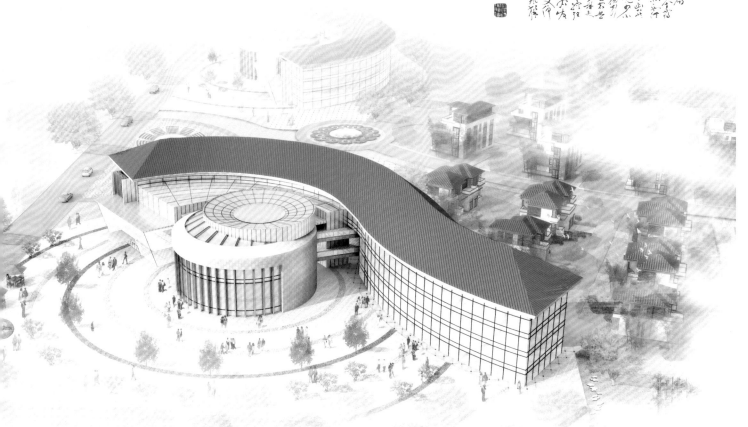

满洲里市扎赉诺尔博物馆

绘图单位：哈尔滨滨猛犸科技开发有限公司
设计单位：黑龙江省建筑设计研究院

满洲里市扎赉诺尔博物馆
绘图单位：哈尔滨猛犸科技开发有限公司
设计单位：黑龙江省建筑设计研究院

扎赉诺尔博物馆

① **满洲里市扎赉诺尔博物馆**
　　绘图单位：哈尔滨滨猛犸科技开发有限公司
　　设计单位：黑龙江省建筑设计研究院

② **黑河砂金源博物馆**
　　绘图单位：哈尔滨市拓普装饰设计（TOP design）有限公司
　　设计单位：哈尔滨市拓普装饰设计（TOP design）有限公司

①

①

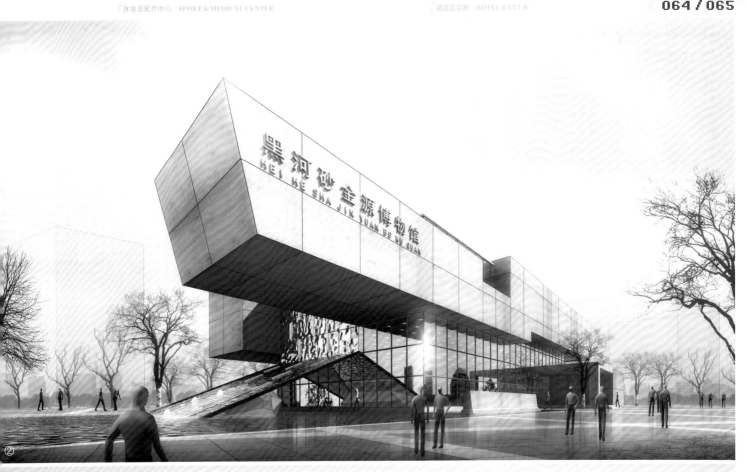

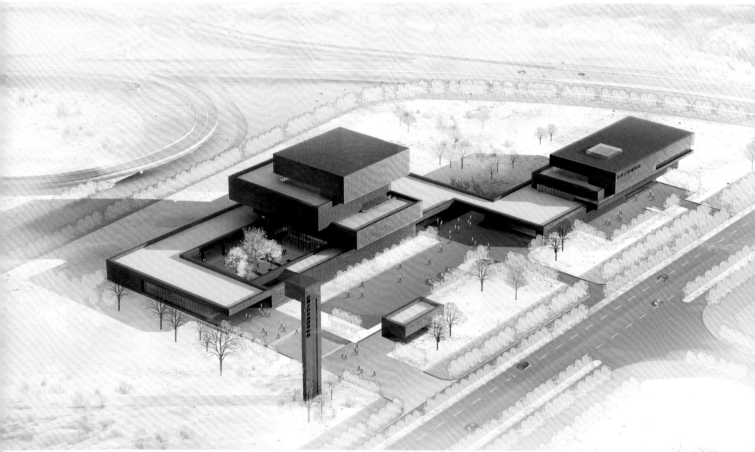

鄂尔多斯市博物馆
绘图单位：西安Harada原田数码设计有限公司

绍兴市中国师爷博物馆
绘图单位：杭州博凡数码影像设计有限公司
设计单位：中国美术学院风景建筑设计研究院

① **无锡市王莘博物馆**
绘图单位：上海江圆邓数字科技有限公司
设计单位：上海虹口建筑设计院

② **某博物馆**
绘图单位：青岛宏景数字科技有限公司

① **无锡市王莘博物馆**
绘图单位：上海江圆邓数字科技有限公司
设计单位：上海虹口建筑设计院

② **某博物馆**
绘图单位：青岛宏景数字科技有限公司

①

铜川市某革命基地
绘图单位：西安市创景建筑景观设计有限公司
设计单位：西安建筑科技大学建筑设计研究院

铜川市某革命基地
绘图单位：西安市创景建筑景观设计有限公司
设计单位：西安建筑科技大学建筑设计研究院

千頃蒹葭十裡洲
溪居宜月更宜秋
鷗覓接水高僧舍
鸛鳩巢雲名士樓
蒼葡葉分飛鷺羽
荻雀花散釣魚舟
黃橙紅柿紫菱角
不羨人間萬戶侯

千頃蒹葭十裡洲
溪居宜月更宜秋
鷗覓接水高僧舍
鸛鳩巢雲名士樓
蒼葡葉分飛鷺羽
荻雀花散釣魚舟
黃橙紅柿紫菱角
不羨人間萬戶侯

铜川市某革命基地
绘图单位：西安市创景建筑景观设计有限公司
设计单位：西安建筑科技大学建筑设计研究院

艰苦朴素　　勤奋抗战

① 铜川市某革命基地
　绘图单位：西安市创景建筑景观设计有限公司
　设计单位：西安建筑科技大学建筑设计研究院

② 烟台市博物馆
　绘图单位：广州浩瀚图文设计有限公司

①

② 烟台市博物馆
　绘图单位：广州浩瀚图文设计有限公司

②

①

烟台市博物馆
绘图单位：广州浩瀚图文设计有限公司

烟台市博物馆
绘图单位：广州浩瀚图文设计有限公司

齐齐哈尔市西满革命烈士纪念馆
绘图单位：哈尔滨市拓普装饰设计（TOP design）有限公司
设计单位：哈尔滨市拓普装饰设计（TOP design）有限公司

齐齐哈尔市西满革命烈士纪念馆

绘图单位：哈尔滨市拓普装饰设计（TOP design）有限公司
设计单位：哈尔滨市拓普装饰设计（TOP design）有限公司

郑州市南水北调博物馆

绘图单位：郑州拓维数字科技有限公司
设计单位：河南省建筑设计研究院有限公司

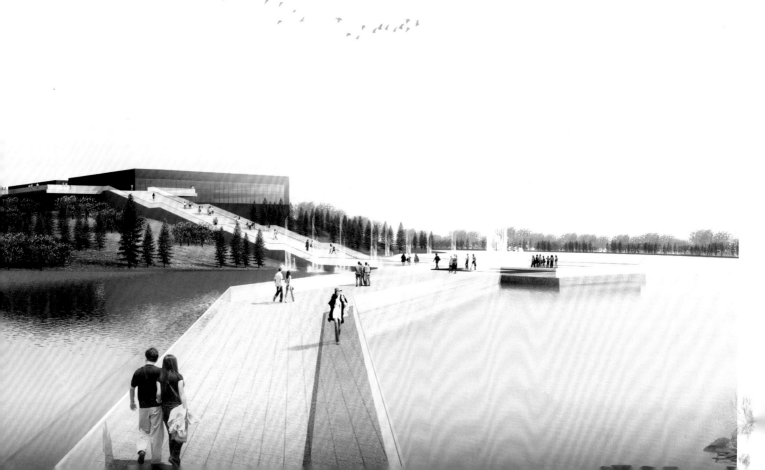

① **西安市某项目**
绘图单位：上海冰杉信息科技有限公司

② **某影剧院**
绘图单位：东莞天海建筑表现有限公司

重庆市黔江影剧院
绘图单位：重庆海侨文化传媒有限公司
设计单位：上海同建强华建筑设计有限公司

① 重庆市黔江影剧院
绘图单位：重庆海侨文化传媒有限公司
设计单位：上海同建强华建筑设计有限公司

② 宜阳县夏街村戏台
绘图单位：洛阳张涵数码影像技术开发有限公司
设计单位：北京中艺国际建筑设计院

某影剧院
绘图单位：哈尔滨猛犸科技开发有限公司
设计单位：黑龙江省建筑设计研究院

PUBLIC ARCHITE CTURE

公共建筑

SPORT & MEDICAL CENTER
/体育及医疗中心

汾阳市体育馆

绘图单位：太原风格彩域图像设计室

设计单位：山西容海城市规划设计院三所

① 某综合馆
绘图单位：沈阳水晶立方设计有限公司

② 哈尔滨市某体育馆
绘图单位：上海零度数码科技有限公司

①

②

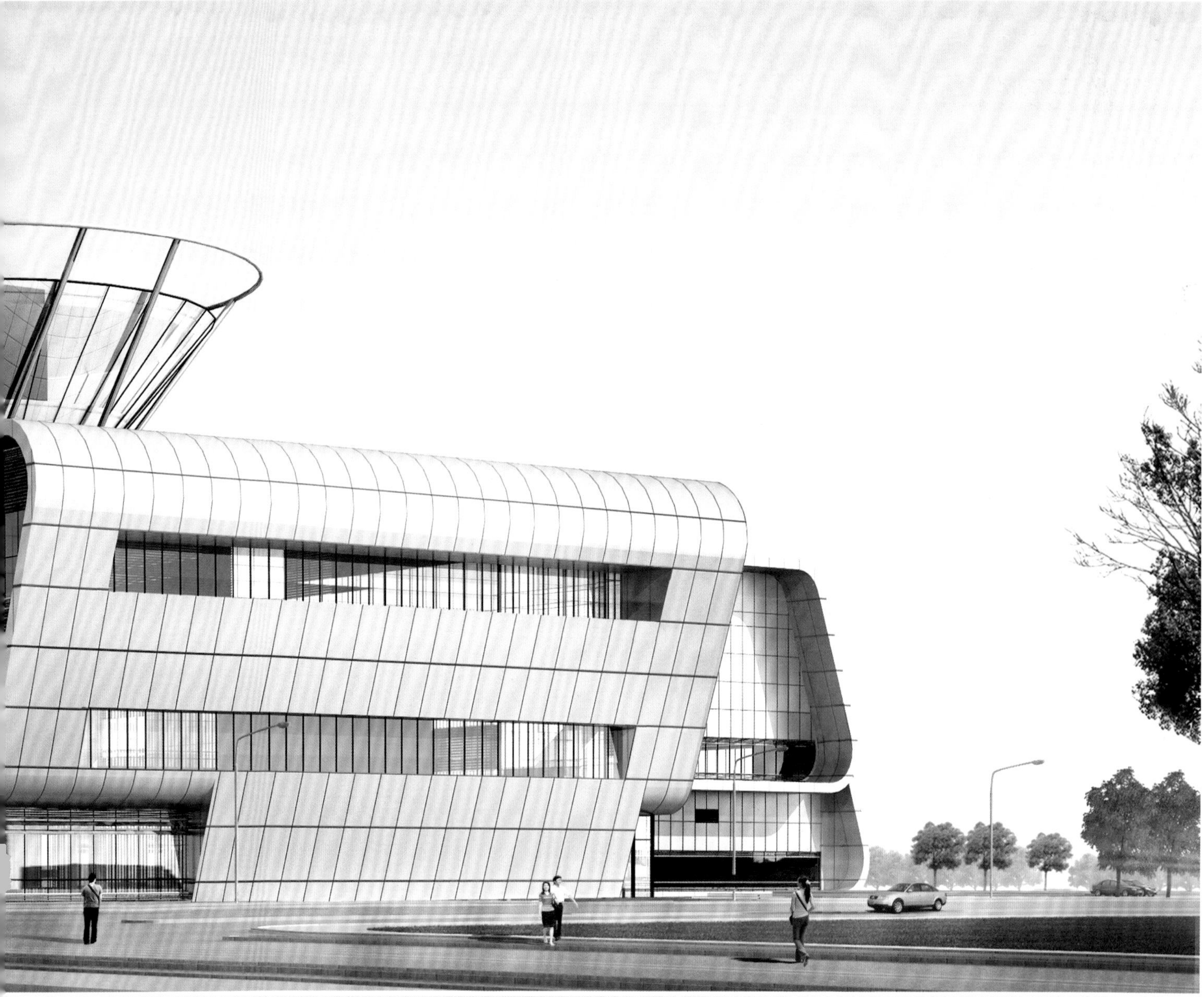

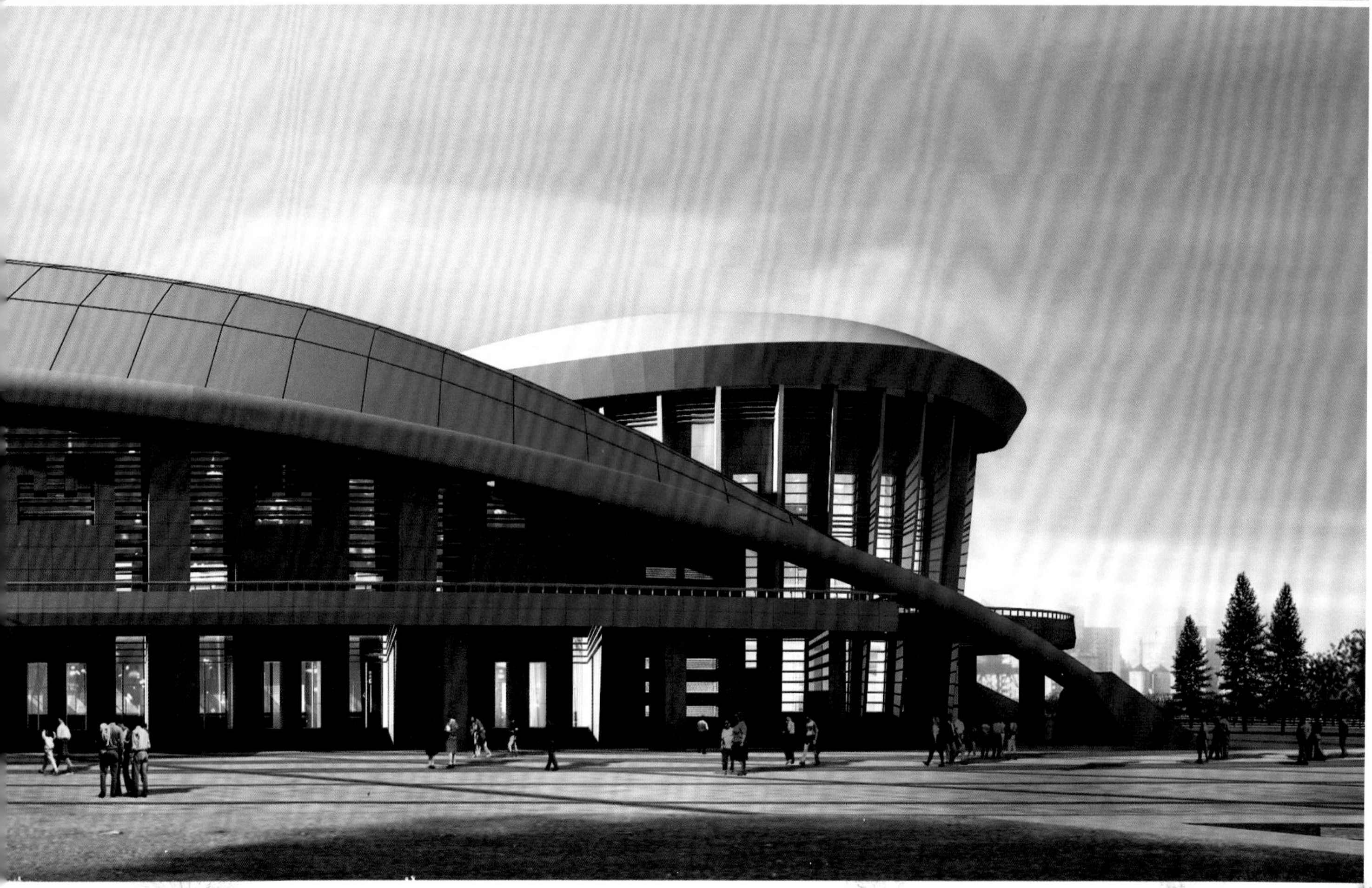

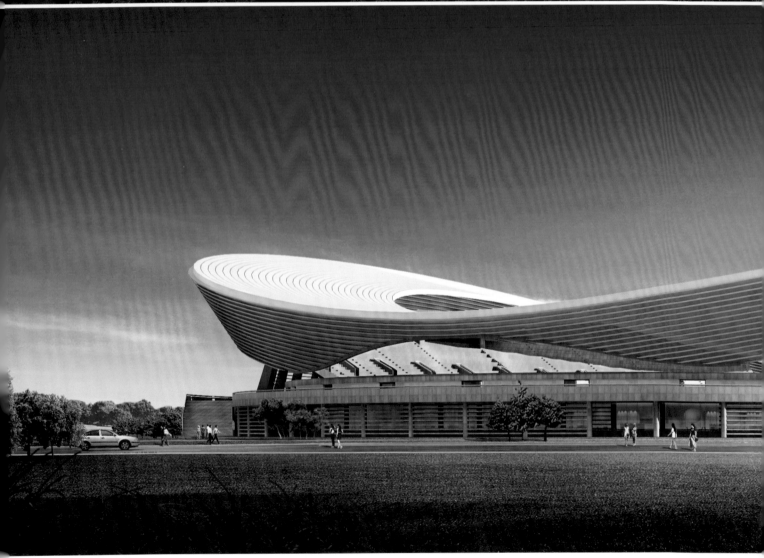

黄冈市体育中心
绘图单位：武汉年轮数码图像有限公司
设计单位：武汉市建筑设计院

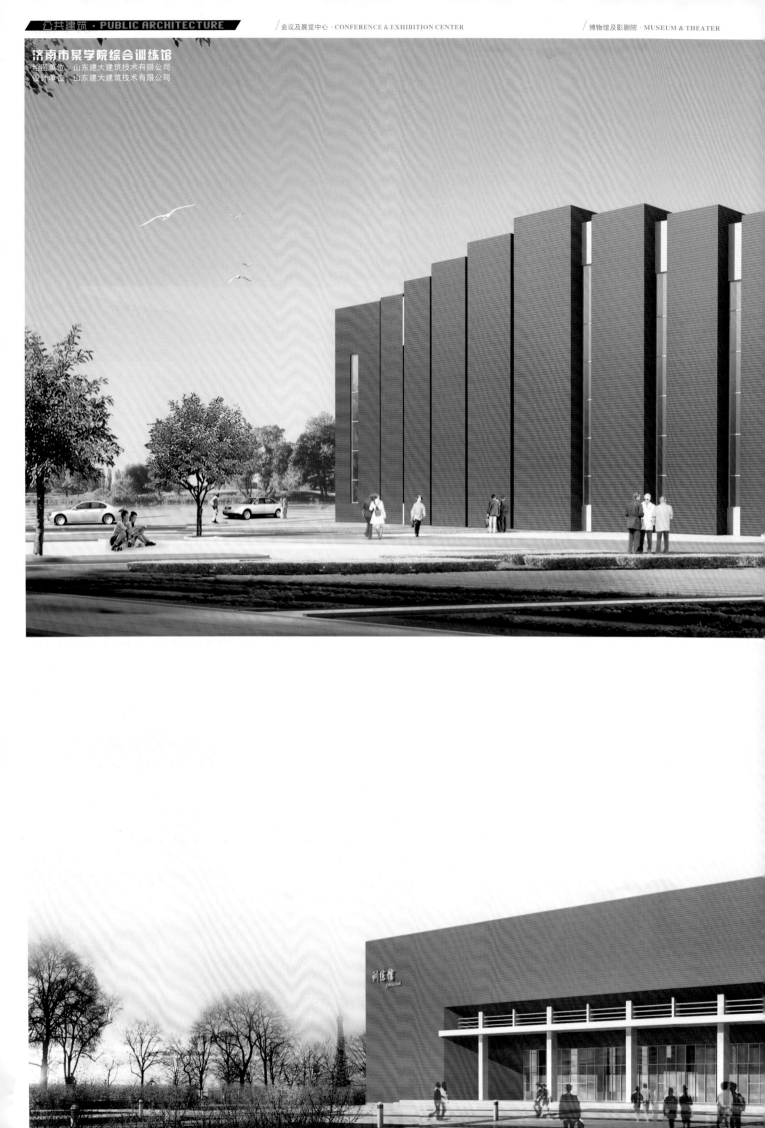

济南市某学院综合训练馆
绘图单位：山东建大建筑技术有限公司
设计单位：山东建大建筑技术有限公司

济南市某学院综合训练馆
绘图单位：山东建大建筑技术有限公司
设计单位：山东建大建筑技术有限公司

体育及医疗中心 · SPORT & MEDICAL CENTER　　酒店及会所 · HOTEL & CLUB

① 辽宁省全运会文化场馆
　绘图单位：沈阳水晶立方设计有限公司

② 某体育馆
　绘图单位：上海思坦德建筑装饰工程有限公司
　设计单位：上海现代华盖建筑设计有限公司

①

①

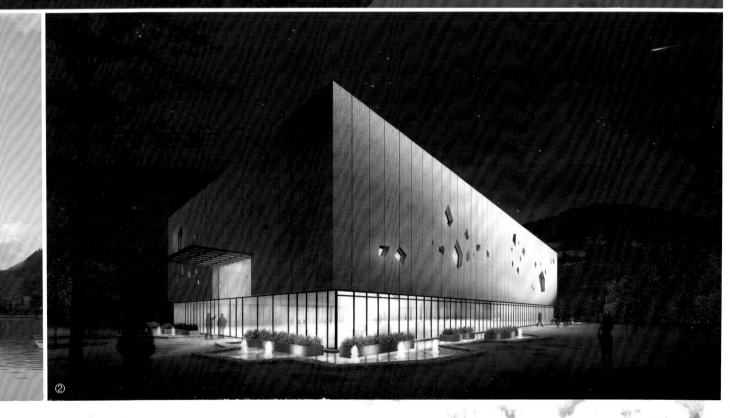

②

①

②

① **某体育馆**
　　绘图单位：沈阳水晶立方设计有限公司

② **某体育馆**
　　绘图单位：武汉3D印象数码设计有限公司
　　设计单位：中南建筑设计院

②

某体育馆

绘图单位：武汉3D印象数码设计有限公司
设计单位：中南建筑设计院

① 某体育馆

② 某自行车馆

① **某体育馆**
绘图单位：哈尔滨市拓普装饰设计（TOP design）有限公司
设计单位：哈尔滨市拓普装饰设计（TOP design）有限公司

② **某自行车馆**
绘图单位：沈阳水晶立方设计有限公司

三明市体育场及综合体育馆

绘图单位：泉州联拓数字传媒有限公司

三明市体育场及综合体育馆
绘图单位：泉州联拓数字传媒有限公司

三明市体育场及综合体育馆
绘图单位：泉州联拓数字传媒有限公司

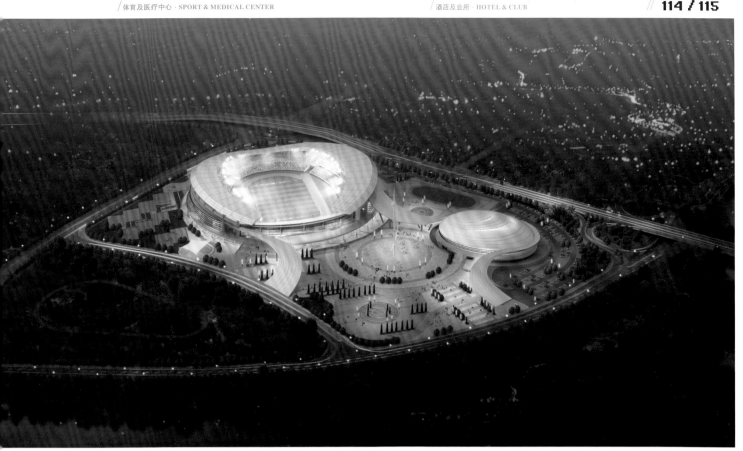

① **某体育中心**
绘图单位：上海零度数码科技有限公司

② **某游泳馆**
绘图单位：郑州指南针视觉艺术设计有限公司
设计单位：郑州城乡建筑设计研究院有限公司

①

②

①

① 某体育场
　　绘图单位：武汉3D印象数码设计有限公司
　　设计单位：中南建筑设计院

② 某体育馆
　　绘图单位：上海零度数码科技有限公司

③ 柳州市某体育场
　　绘图单位：上海冰杉信息科技有限公司
　　设计单位：上海交通大学建筑设计院

①

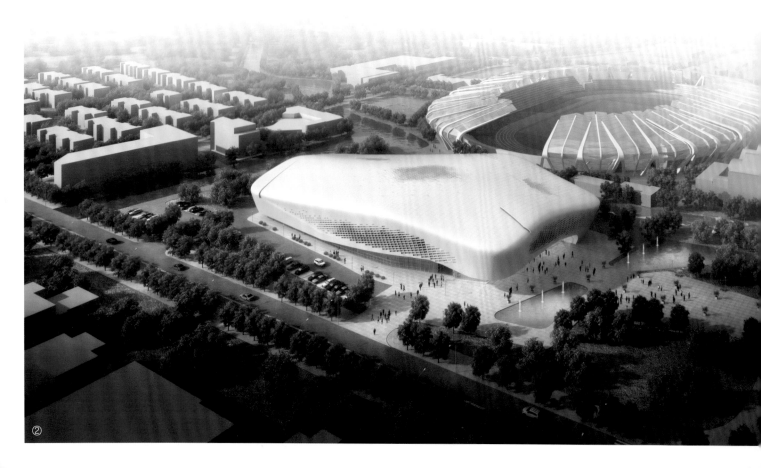

②

③

③

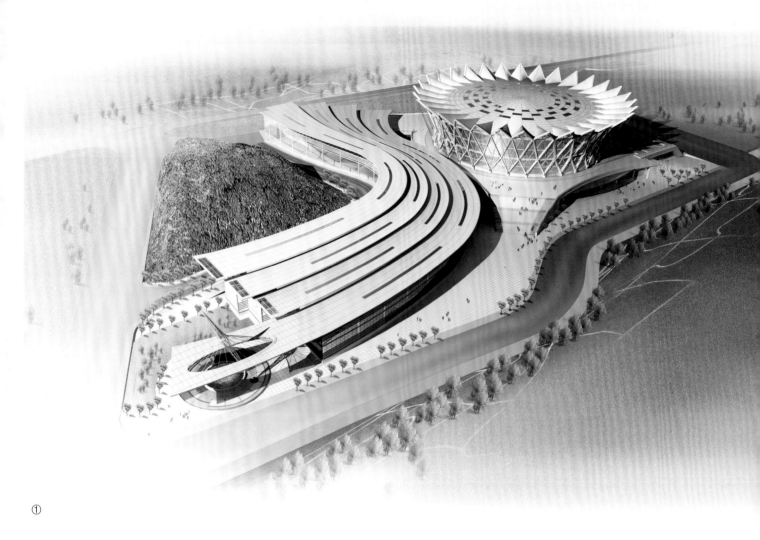

①

②

① **重庆市西南大学体育馆**
绘图单位：哈尔滨市拓普装饰设计（TOP design）有限公司
设计单位：哈尔滨市拓普装饰设计（TOP design）有限公司

② **某体育场**
绘图单位：哈尔滨市拓普装饰设计（TOP design）有限公司
设计单位：哈尔滨市拓普装饰设计（TOP design）有限公司

③ **沙特阿拉伯某医院**
绘图单位：美播商务咨询（上海）有限公司
设计单位：HOK建筑师事务所

景德镇市养老院
绘图单位：上海日盛景观设计有限公司
设计单位：尤利建筑设计咨询（上海）有限公司

某医院
绘图单位：成都亿点数码艺术设计有限公司
设计单位：四川省建筑设计院

某医院
绘图单位：成都亿点数码艺术设计有限公司
设计单位：四川省建筑设计院

① 武汉市中国人民解放军第一六一中心医院
  绘图单位：武汉立方国际数字科技有限公司
  设计单位：袁培煌建筑设计事务所

② 哈尔滨市感染防治中心
  绘图单位：哈尔滨市拓普装饰设计（TOP design）有限公司
  设计单位：哈尔滨市拓普装饰设计（TOP design）有限公司

①

②

① 荆州市监利县某医院
　　绘图单位：武汉3D印象数码设计有限公司

② 京煤集团北戴河疗养院
　　绘图单位：北京至美印象建筑设计咨询中心
　　设计单位：北京京西建筑勘探设计院有限公司

①

①

京煤集团北戴河疗养院

绘图单位：北京至美印象建筑设计咨询中心
设计单位：北京京西建筑勘探设计院有限公司

PUBLIC ARCHITE CTURE

公共建筑

HOTEL & CLUB
/ 酒店及会所

天津市港湾酒店
绘图单位：西林造景（北京）咨询服务有限公司
设计单位：北京新纪元建筑工程设计有限公司

绘图单位：深圳市朗形数码影像传播有限公司
设计单位：爱普斯顿国际投资项目顾问（深圳）有限公司

青岛市某项目
绘图单位：深圳市朗形数码影像传播有限公司
设计单位：爱普斯顿国际投资项目顾问（深圳）有限公司

青岛市某项目
绘图单位：深圳市朗形数码影像传播有限公司
设计单位：爱普斯顿国际投资项目顾问（深圳）有限公司

三亚市某酒店

绘图单位：北京东方豹雪数字科技有限公司

① **北海市北苑酒店**
　　绘图单位：南宁天晨数码图像工作室
　　设计单位：北海城市设计有限公司

② **东莞市瀚森酒店**
　　绘图单位：深圳市朗形数码影像传播有限公司
　　设计单位：深圳市清华苑建筑设计有限公司

②

②

广州市生物岛

绘图单位：深圳润禾数码设计有限公司
设计单位：深圳城建设计院

广州市生物岛
绘图单位：深圳润禾数码设计有限公司
设计单位：深圳城建设计院

惠州市惠东平海海滨酒店

绘图单位：深圳市朗形数码影像传播有限公司
设计单位：联合建筑（香港）有限公司

惠州市惠东平海海滨酒店
绘图单位：深圳市朗形数码影像传播有限公司
设计单位：联合建筑（香港）有限公司

惠州市惠东平海海滨酒店
绘图单位：深圳市朗形数码影像传播有限公司
设计单位：联合建筑（香港）有限公司

惠州市惠东平海海滨酒店
绘图单位：深圳市朗形数码影像传播有限公司
设计单位：联合建筑（香港）有限公司

①

②

① 惠州市惠东平海海滨酒店
绘图单位：深圳市朗形数码影像传播有限公司
设计单位：联合建筑（香港）有限公司

② 福建省东山县项目
绘图单位：广州市千水数码科技有限公司
设计单位：亚瑞建筑设计有限公司

③ 海南省夏威夷酒店
绘图单位：哈尔滨市拓普装饰设计（TOP design）有限公司
设计单位：哈尔滨市拓普装饰设计（TOP design）有限公司

杭州市千岛湖酒店
绘图单位：杭州地农建筑设计咨询有限公司

① **海南省休闲第一镇**
　绘图单位：北京至美印象建筑设计咨询中心
　设计单位：北京中冶设计研究总院

② **某度假酒店**
　绘图单位：东莞天海建筑表现有限公司

②

成都饭店
绘图单位：成都亿点数码艺术设计有限公司
设计单位：成都万汇建筑设计有限公司

① 成都饭店
　绘图单位：成都亿点数码艺术设计有限公司
　设计单位：成都万汇建筑设计有限公司

② 都匀市某酒店
　绘图单位：重庆海侨文化传媒有限公司
　设计单位：卓创国际工程设计有限公司

③ 毕节市某酒店
　绘图单位：广州山漫数码科技有限公司
　设计单位：广州市科城建筑设计有限公司

① 某项目
绘图单位：泉州联拓数字传媒有限公司

② 中东某商业酒店
绘图单位：上海零度数码科技有限公司

①

绘图单位：青岛宏景数字科技有限公司   绘图单位：济南雅色机构
设计单位：青岛腾远设计事务所有限公司   设计单位：山东同圆设计集团有限公司

① **青岛市香格里拉大酒店**   ② **海阳市某酒店**
绘图单位：青岛宏景数字科技有限公司   绘图单位：济南雅色机构
设计单位：青岛腾远设计事务所有限公司 设计单位：山东同圆设计集团有限公司

① **深圳市航站就餐楼**
绘图单位：哈尔滨市拓普装饰设计（TOP design）有限公司
设计单位：哈尔滨市拓普装饰设计（TOP design）有限公司

② **浙江宾馆**
绘图单位：杭州地衣建筑设计咨询有限公司

③ **某酒店**
绘图单位：泉州联拓数字传媒有限公司

①

②

③

某酒店
绘图单位：泉州联拓数字传媒有限公司

① 金堰国际大酒店
　绘图单位：成都上润图文设计制作有限公司
　设计单位：九天空间设计工作室

② 重庆市冉家坝东和酒店
　绘图单位：重庆金麒麟电脑图像有限公司
　设计单位：卓创国际工程设计有限公司

②

某酒店

绘图单位：西安市创景建筑景观设计有限公司
设计单位：西安建筑科技大学建筑设计研究院

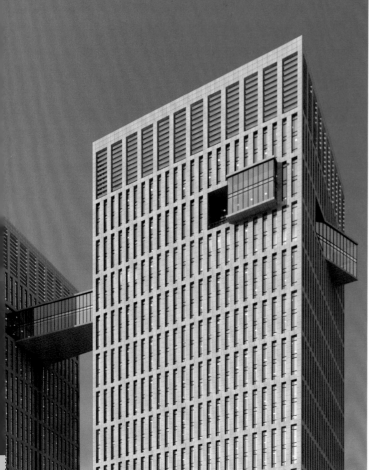

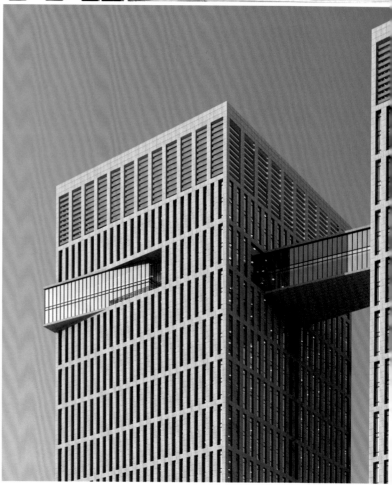

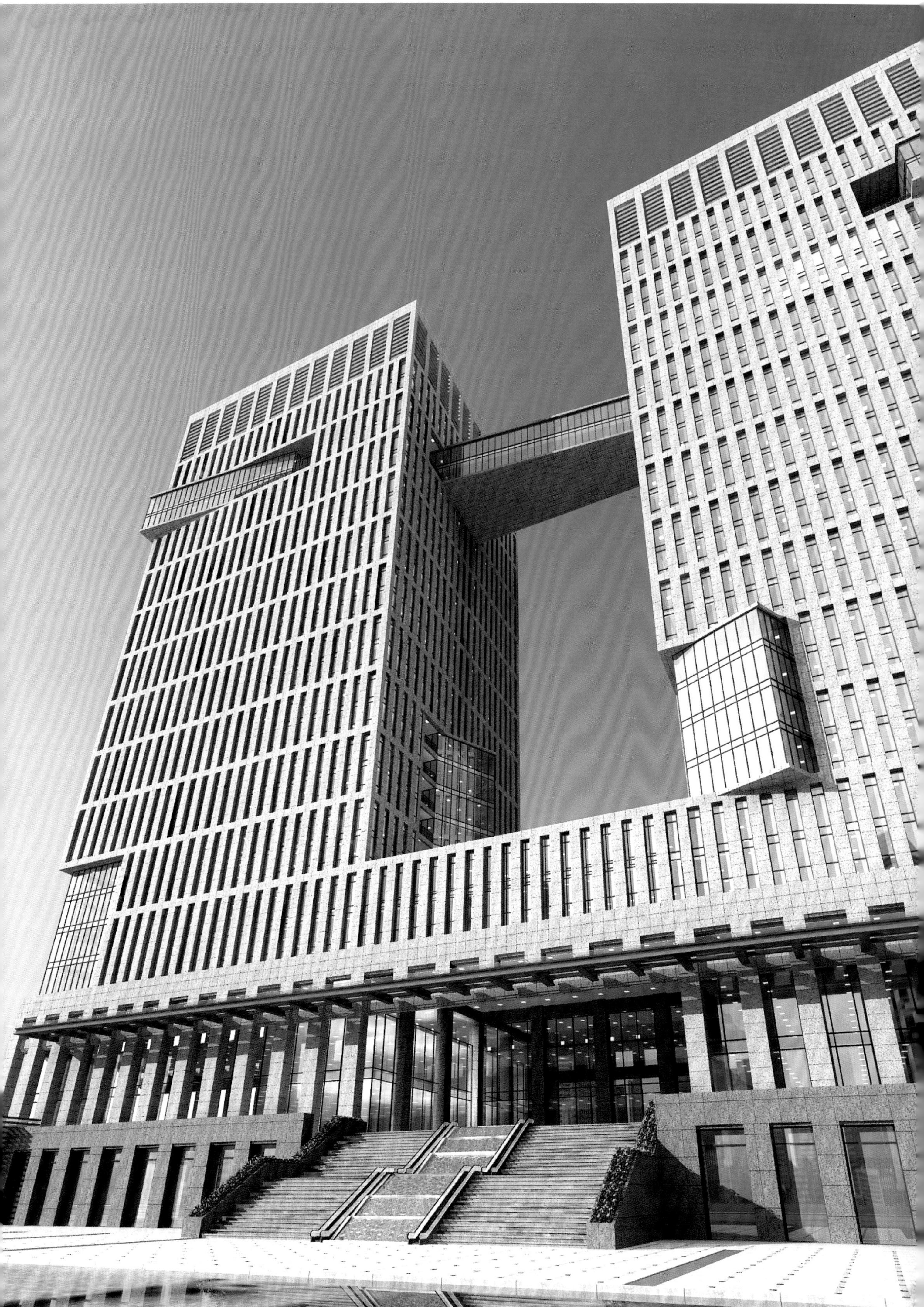

某酒店
绘图单位：西安市创景建筑景观设计有限公司
设计单位：西安建筑科技大学建筑设计研究院

某酒店
绘图单位：成都上润图文设计制作有限公司
设计单位：誉联建筑设计有限公司

① 某酒店
　　绘图单位：成都上润图文设计制作有限公司
　　设计单位：誉联建筑设计有限公司

② 成都市珠江酒店
　　绘图单位：成都亿点数码艺术设计有限公司
　　设计单位：四川省建筑设计院

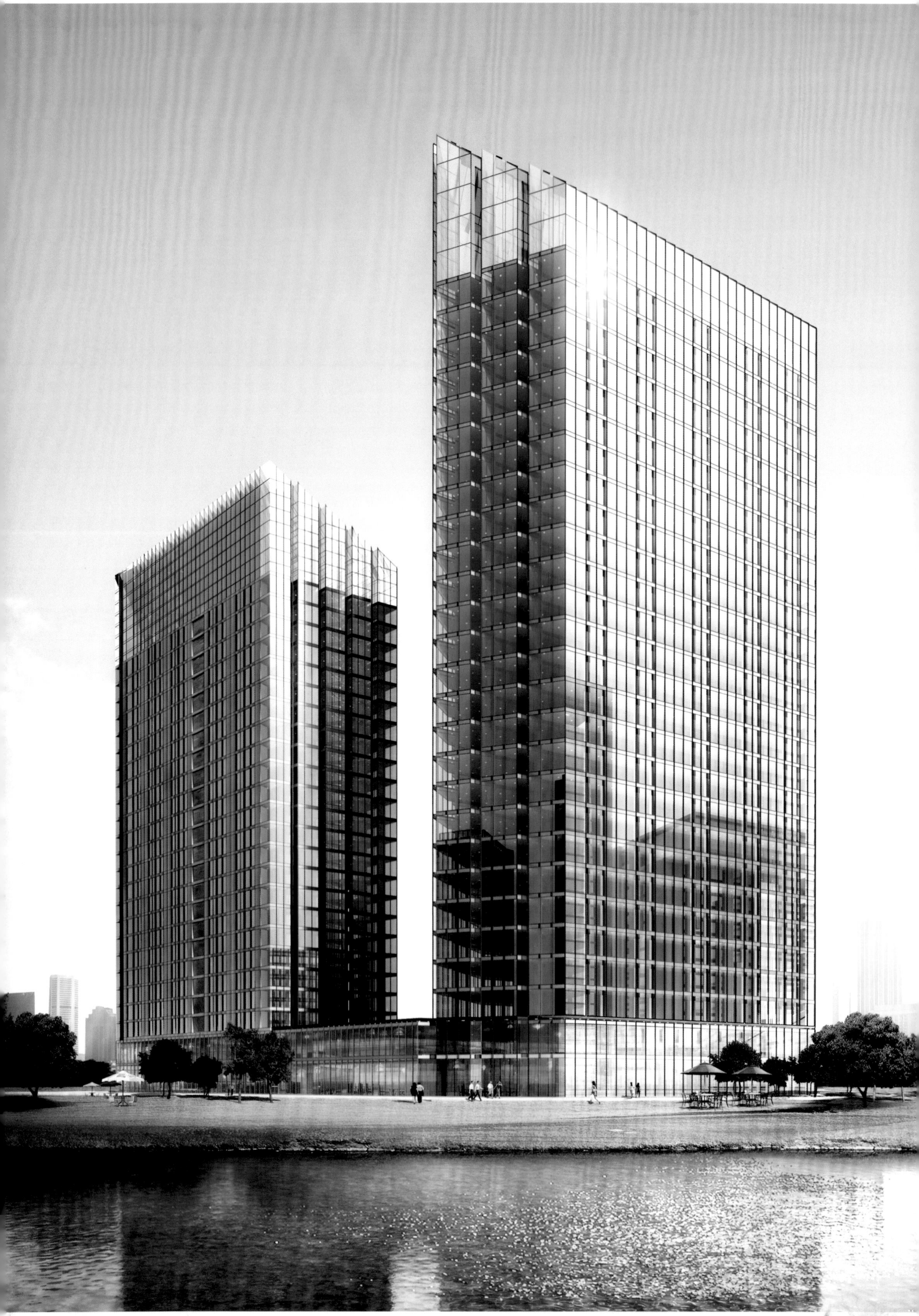

成都市珠江酒店
绘图单位：成都亿点数码艺术设计有限公司
设计单位：四川省建筑设计院

孝感市观音湖度假酒店
绘图单位：武汉年轮数码图像有限公司
设计单位：武汉市建筑设计院

福州市中庚大酒店
绘图单位：深圳市朗形数码影像传播有限公司
设计单位：深圳市龚书楷建筑设计有限公司

福州市中庚大酒店

绘图单位: 深圳市朗形数码影像传播有限公司
设计单位: 深圳市龚书楷建筑设计有限公司

贵阳市黄果树度假酒店
绘图单位：重庆城境图文设计有限公司
设计师：韩光

贵阳市黄果树度假酒店

绘图单位：重庆城境图文设计有限公司

设计师：韩光

①

②

① **贵阳市黄果树度假酒店**
绘图单位：重庆城境图文设计有限公司
设计师：韩光

② **南京市汤山侯家塘地块某酒店**
绘图单位：重庆市五色石电脑设计有限公司
设计单位：重庆市设计院

湖北省半岛酒店
绘图单位：武汉年轮数码图像有限公司
设计单位：武汉市建筑设计院

① **济南市图云湖酒店**
绘图单位：济南雅色机构
设计单位：山东同圆设计集团有限公司

② **黄山市太平宾馆**
绘图单位：安徽飞翔鸟综合服务有限责任公司
合肥飞扬图像公司
设计单位：福建闽武建筑设计研究院安徽分公司

③ **洛阳市佳安景项目**
绘图单位：洛阳张涵数码影像技术开发有限公司
设计单位：河南智博建筑设计有限公司

①

②

③

① 某酒店
绘图单位：上海翰境数码科技有限公司

② 降杂温大酒店
绘图单位：成都上润图文设计制作有限公司

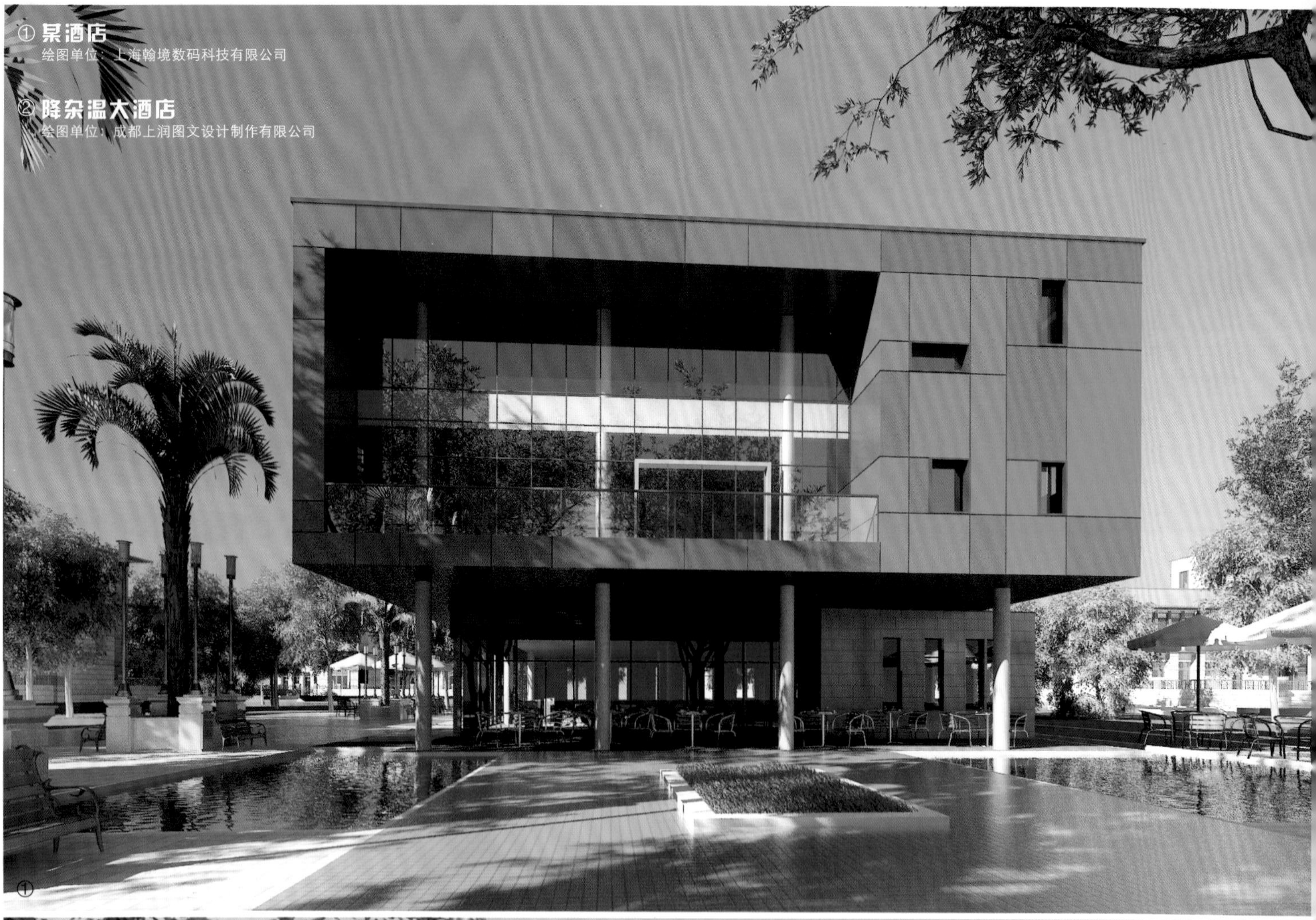
①

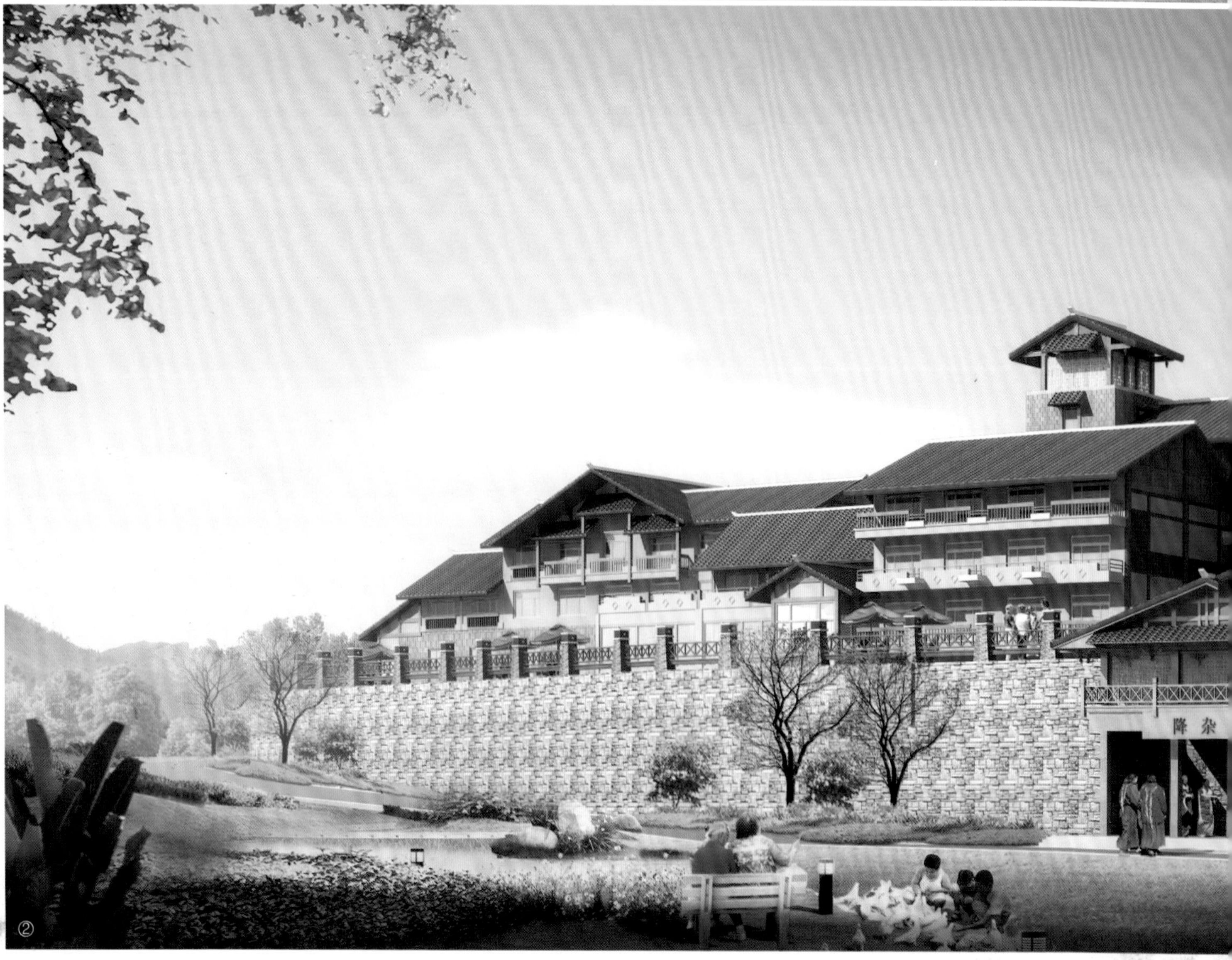

②

①

昆山市富贵酒店
绘图单位：上海幻思数码科技有限公司
设计单位：中诚建筑设计有限公司

杭州市千岛湖酒店
绘图单位：上海思坦德建筑装饰工程有限公司

杭州市千岛湖酒店
绘图单位：上海思坦德建筑装饰工程有限公司

①

①

① 溧阳市五星级酒店项目
绘图单位：上海思坦德建筑装饰工程有限公司
设计单位：上海三益建筑设计有限公司

② 哈尔滨市香格里拉大酒店
绘图单位：哈尔滨猛犸科技开发有限公司

连云港市某酒店

绘图单位：深圳市朗形数码影像传播有限公司
设计单位：深圳埃克斯雅本建筑设计有限公司

① 连云港市某酒店
　　绘图单位：深圳市朗形数码影像传播有限公司
　　设计单位：深圳埃克斯雅本建筑设计有限公司

② 三金长青花园
　　绘图单位：武汉迦艺数码影像有限责任公司
　　设计单位：中冶南方设计院

①

②

②

某酒店
绘图单位：上海思坦德建筑装饰工程有限公司

某酒店
绘图单位：上海思坦德建筑装饰工程有限公司

① **某酒店**
绘图单位：上海思坦德建筑装饰工程有限公司

② **某会议中心配套餐厅**
绘图单位：广州山漫数码科技有限公司

②

内蒙古某酒店
绘图单位: 北京天艺蓝图建筑设计咨询有限公司
设计单位: 北京森磊源建筑规划设计有限公司

绘图单位：铭世建筑创作工作室
设计单位：铭世建筑创作工作室

烟台市莱阳宾馆
绘图单位：铭世建筑创作工作室
设计单位：铭世建筑创作工作室

② 海南农垦大酒店
HaiNan YangKen Hotel

① 洛阳市某酒店
绘图单位：洛阳市蒙太奇数码技术有限公司
设计单位：洛阳规划建筑设计有限公司一分院

② 海南农垦大酒店
绘图单位：深圳市朗形数码影像传播有限公司
设计单位：深圳市中唯设计有限公司

①

②

③

① **某项目**
　绘图单位: 青岛宏景数字科技有限公司
　设计单位: 青岛易境设计事务所

② **某酒店**
　绘图单位: 武汉3D印象数码设计有限公司
　设计单位: 中建三局建筑设计有限公司

③ **三亚市山海天大酒店**
　绘图单位: 深圳智汇艺术设计有限公司
　设计单位: 鲁能置业集团

三亚市山海天大酒店

绘图单位：深圳智汇艺术设计有限公司
设计单位：鲁能置业集团

绘图单位：上海翰境数码科技有限公司

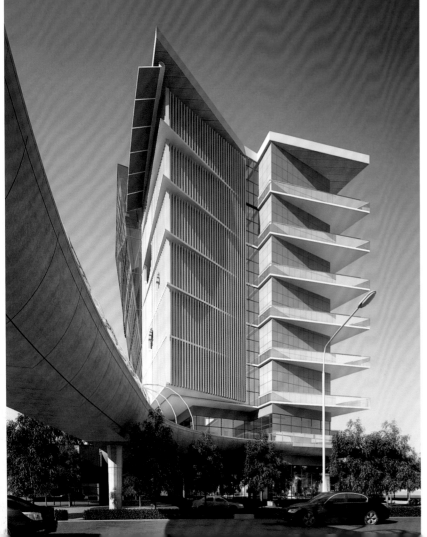

某酒店
绘图单位：上海翰境数码科技有限公司

重庆市渝州宾馆
绘图单位：重庆市五色石电脑设计有限公司

重庆市渝州宾馆
绘图单位：重庆市五色石电脑设计有限公司

重庆市渝州宾馆
绘图单位：重庆市五色石电脑设计有限公司

重庆市渝州宾馆
绘图单位：重庆市五色石电脑设计有限公司

西藏某酒店

绘图单位：成都上润图文设计制作有限公司
设计单位：思纳·史密斯集团（中国）成都设计中心

西藏某酒店

绘图单位：成都上润图文设计制作有限公司
设计单位：思纳·史密斯集团（中国）成都设计中心

① **西藏某酒店**
　　绘图单位：成都上润图文设计制作有限公司
　　设计单位：思纳·史密斯集团（中国）成都设计中心

② **珠海市朱海宾馆**
　　绘图单位：上海翰境数码科技有限公司

① 重庆市奇峰林海
绘图单位：重庆海侨文化传媒有限公司
设计单位：上海外建建设咨询监理有限公司

② 海南省杲酒店
绘图单位：西安Harada原田数码设计有限公司

③ 贵州省金阳酒店
绘图单位：长沙忆辰数码图像设计有限公司
设计单位：湖南湘潭市规划建筑设计院

某酒店
绘图单位：上海思坦德建筑装饰工程有限公司
设计单位：德国PS景观设计有限公司

重庆市某酒店
绘图单位：重庆仕方图像设计工作室

宁波市紫象天堂

绘图单位：宁波市芒果树图像设计有限公司
设计单位：宁波市本末建筑设计有限公司

某会所
绘图单位：厦门万典图像设计有限公司
设计单位：福建华景建筑设计院

① 某会所
　　绘图单位：哈尔滨市拓普装饰设计（TOP design）有限公司
　　设计单位：哈尔滨市拓普装饰设计（TOP design）有限公司

② 哈尔滨市横头山国家森林公园旅游接待中心
　　绘图单位：哈尔滨市拓普装饰设计（TOP design）有限公司
　　设计单位：哈尔滨市拓普装饰设计（TOP design）有限公司

③ 某会所
　　绘图单位：哈尔滨市拓普装饰设计（TOP design）有限公司
　　设计单位：哈尔滨市拓普装饰设计（TOP design）有限公司

③

① **某会所**
绘图单位：青岛宏景数字科技有限公司
设计师：黄伊明

② **某会所**
绘图单位：武汉市朗辰设计咨询有限公司
设计单位：武汉市建筑设计院七所

①

②

②

① **某会所**
绘图单位：沈阳水晶立方设计有限公司

② **泉州市元泰会所**
绘图单位：泉州联拓数字传媒有限公司

① 某欧式建筑
 绘图单位：哈尔滨市拓普装饰设计（TOP design）有限公司
 设计单位：哈尔滨市拓普装饰设计（TOP design）有限公司

② 宁夏国际商务会所
 绘图单位：成都亿点数码艺术设计有限公司
 设计单位：四川省建筑设计研究院

②

②

②

宁夏国际商务会所
绘图单位：成都亿点数码艺术设计有限公司
设计单位：四川省建筑设计研究院

① 某会所
    绘图单位：哈尔滨市拓普装饰设计（TOP design）有限公司
    设计单位：哈尔滨市拓普装饰设计（TOP design）有限公司

② 安徽维多利亚花园
    绘图单位：上海零度数码科技有限公司

① 某项目
绘图单位：青岛实景建筑表现工作室

② 郑州市尼罗河水疗会馆
绘图单位：郑州拓维数字科技有限公司
设计单位：郑州筑详建筑装饰设计有限公司

①

②

宁波市江海企业会所

绘图单位：上海幻思数码科技有限公司
设计单位：NWA（上海）建筑设计有限公司

宁波市江海企业会所

绘图单位：上海幻思数码科技有限公司
设计单位：NWA（上海）建筑设计有限公司

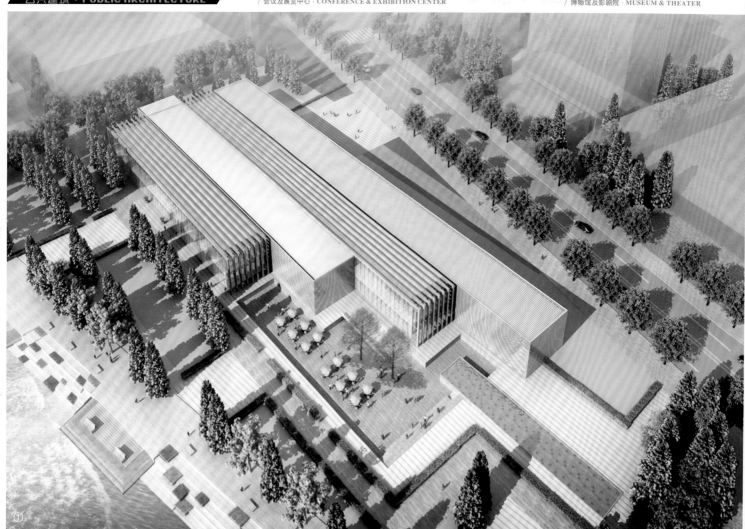

① **宁波市江海企业会所**
绘图单位：上海幻思数码科技有限公司
设计单位：NWA（上海）建筑设计有限公司

② **某会所**
绘图单位：深圳市森凯盟数字科技有限公司
设计单位：深圳柏安建筑设计公司

③ **传化国际会所**
绘图单位：成都上润图文设计制作有限公司

西苑会所
绘图单位：上海翰境数码科技有限公司

① 某会所
绘图单位：安徽飞翔鸟综合服务有限责任公司
　　　　　合肥飞扬图像公司
设计单位：合肥工业大学建筑设计研究院

② 台州市某会所
绘图单位：上海江圆邓数字科技有限公司
设计单位：上海城乡建筑设计院

① **黄山市太平湖别墅会所**
　绘图单位：深圳市朗形数码影像传播有限公司
　设计单位：深圳市东大建筑设计有限公司

② **瑞祥·缇香岭**
　绘图单位：安徽飞翔鸟综合服务有限责任公司
　　　　　　合肥飞扬图像公司
　设计单位：合肥大地建筑设计院

①

①

② **黄山市太平湖别墅会所**
　绘图单位：深圳市朗形数码影像传播有限公司
　设计单位：深圳市东大建筑设计有限公司

　绘图单位：安徽飞翔鸟综合服务有限责任公司
　　　　　　合肥飞扬图像公司
　设计单位：合肥大地建筑设计院

②